만화로 풀어가는
독도 이야기

경상북도

차례

1화 어린이 독도지킴이로 독도에 가다 06
– 독도의 위치, 주소

2화 독도에 사는 사람들 12
– 독도의 생활시설 · 독도의 주민

3화 독도의 자연환경 1 20
– 독도의 크기와 지형, 그리고 물골

4화 독도의 자연환경 2 26
– 독도에 사는 동물 · 식물

5화 독도의 이름과 역사 32
– 독도가 우리 땅인 이유

우리 땅 독도

6화 독도를 지킨 사람들 40
— 안용복과 33명의 독도의용수비대

7화 일본의 오류 50
— 일본은 왜 독도를 자기들 땅이라고 우기는 걸까?

8화 독도는 한국 땅 54
— 독도를 지키는 가장 큰 힘은 국민들의 관심

독도정보 꼭! 알아두세요  60

Who?

독도에는 누가 살고 있을까요?
친구들과 함께 독도로 여행을 떠나보자구요!
함께 할 친구들을 소개할게요~

주인공을 만나 보세요

태극기(12세·남)
행복초등학교에 다니는 명랑 쾌활한 소년. 가끔 엉뚱한 행동으로 다래에게 항상 핀잔을 받지만 호기심이 많고, 의협심이 강하다.

여다래(12세·여)
행복초등학교에 다니는 새침데기 소녀. 평소에 역사에 관심이 많아 역사학자가 되는 것이 꿈이다. 국기와는 이웃에 살면서 평소 티격태격하지만 국기의 쾌활한 성격을 좋아한다.

장한돌(12세·남)
국기와는 단짝으로 늘 붙어다니는 사이다. 국기와 달리 성격이 조용하고, 아는 것이 많은 친구다. 한국에 태어난 것을 자랑스럽게 생각하며, 경찰인 아버지처럼 자신도 경찰이 되고 싶어한다.

김대장(23세·남)
독도경비대장. 아이들을 데리고 독도의 여기저기를 소개해 주는 임무를 맡았다. 꼬마들의 말썽에 곤욕을 치르기도 하지만 독도를 제대로 알리는 일에 자부심을 느끼고 있다.

김성도 : 독도의 이장님, 1970년대 중반 독도를 찾은 뒤, 독도에서 생활해 왔다.
김신열 : 김성도 씨의 아내.
지킴이와 독도 : 독도에 사는 삽살개. 경찰들이 키우는 개로 독도를 지키는 데 한몫을 하고 있다.

1화 어린이 **독도지킴이**로 독도에 가다

— 독도의 위치, 주소 —

우와~~ 저기 독도가 보여.

지도를 보면 독도가 일본의 오키섬과도 가까워.

어머! 얘가 될 모르네.

오키섬과 독도의 거리는 157.5km인데 반해 울릉도와의 거리는 **87.4**km 밖에 안 되거든.

2화 독도에 사는 사람들
― 독도의 생활시설 · 독도의 주민 ―

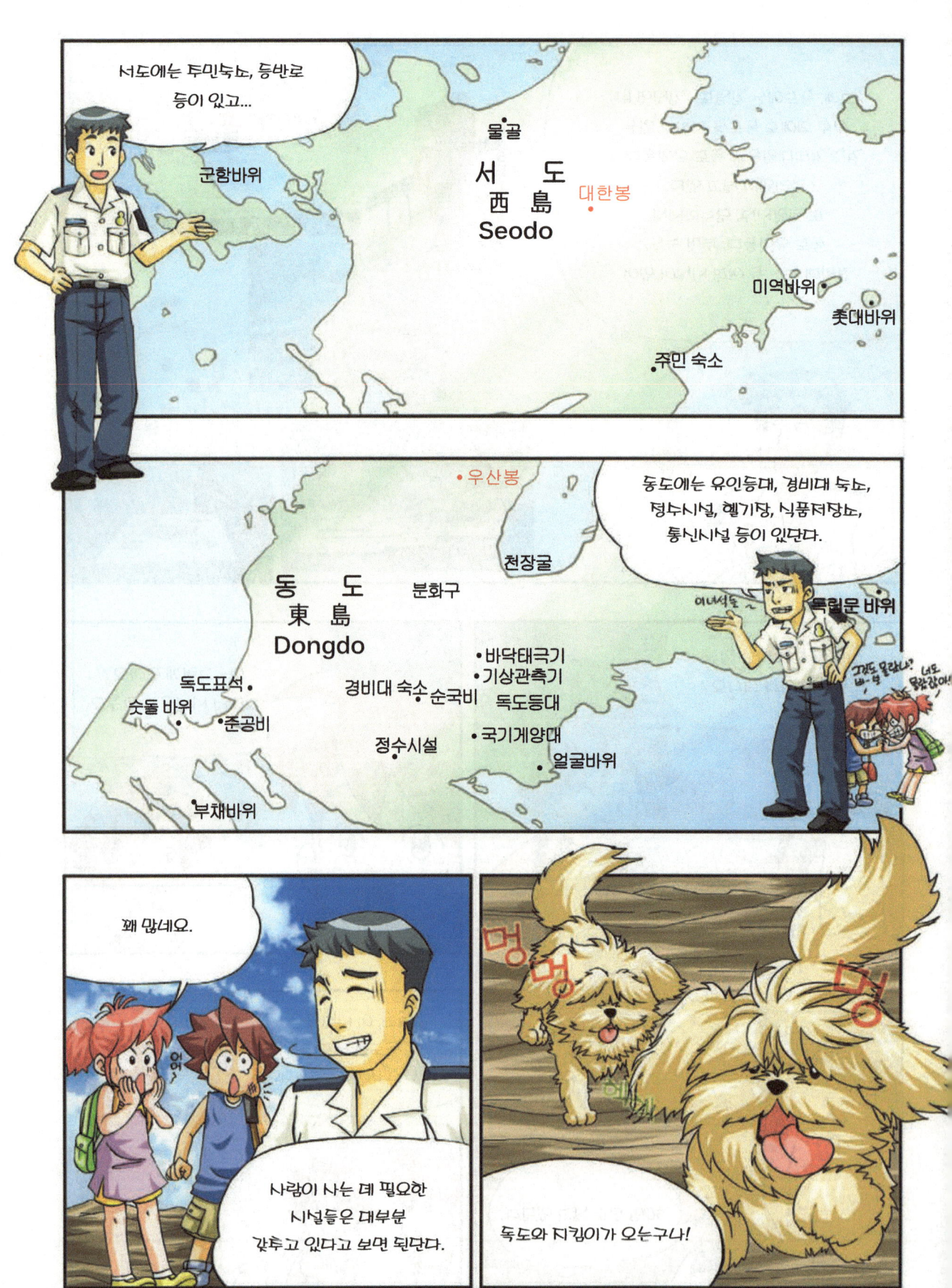

* 2013년 11월 기준

3화 독도의 자연환경 1

— 독도의 크기와 지형, 그리고 물골 —

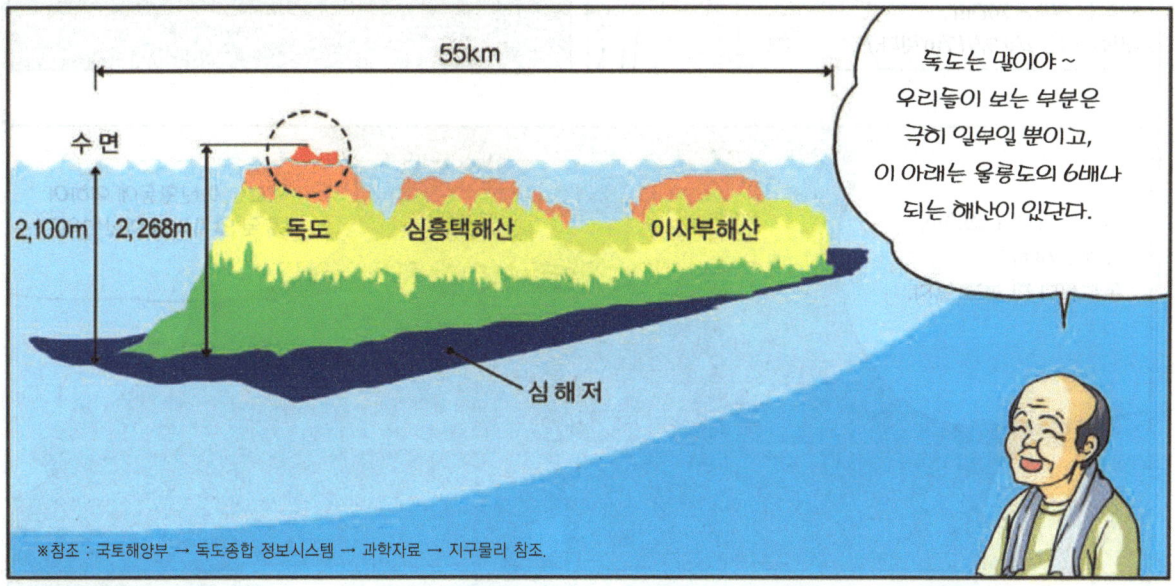

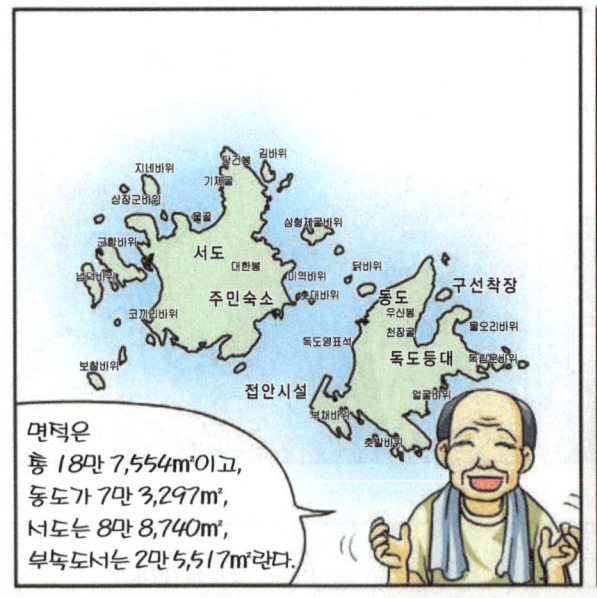

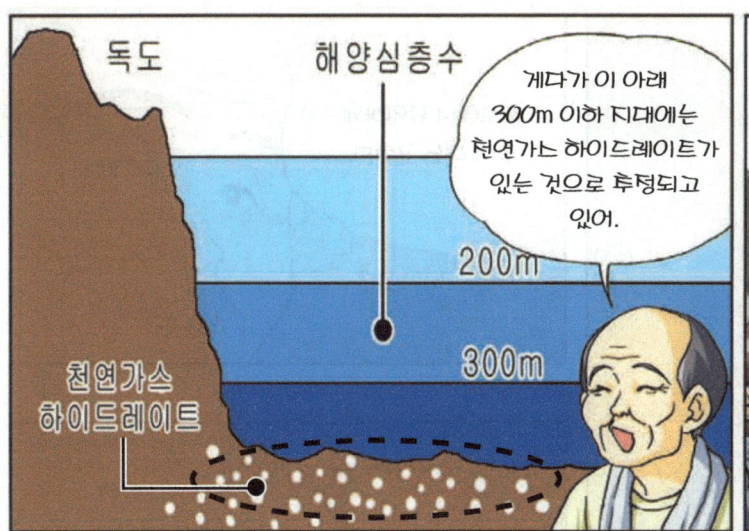

※참조: 유엔해양법 제121조제3항(도서로서의 지위 규정)
- 사람이 거주를 지속할 수 없거나 그 자체의 경제생활을 영위할 수 없는 암석은 배타적 경제수역 또는 대륙붕을 가질 수 없다.

4화 독도의 자연환경 2
- 독도에 사는 동물·식물 -

* 괭이갈매기 : 울음소리가 고양이 울음소리와 비슷하여 괭이갈매기라고 불린다.

※참조: 2010년 5월에는 독도 사철나무도 천연기념물 538호로 지정되었음.

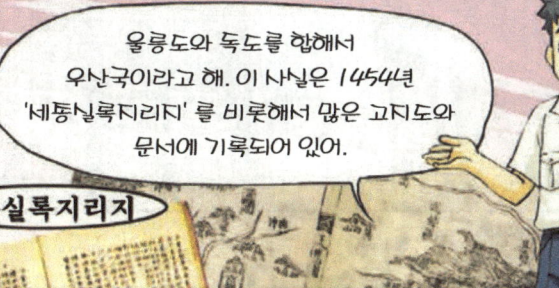

세종실록지리지(국립도서관 소장)

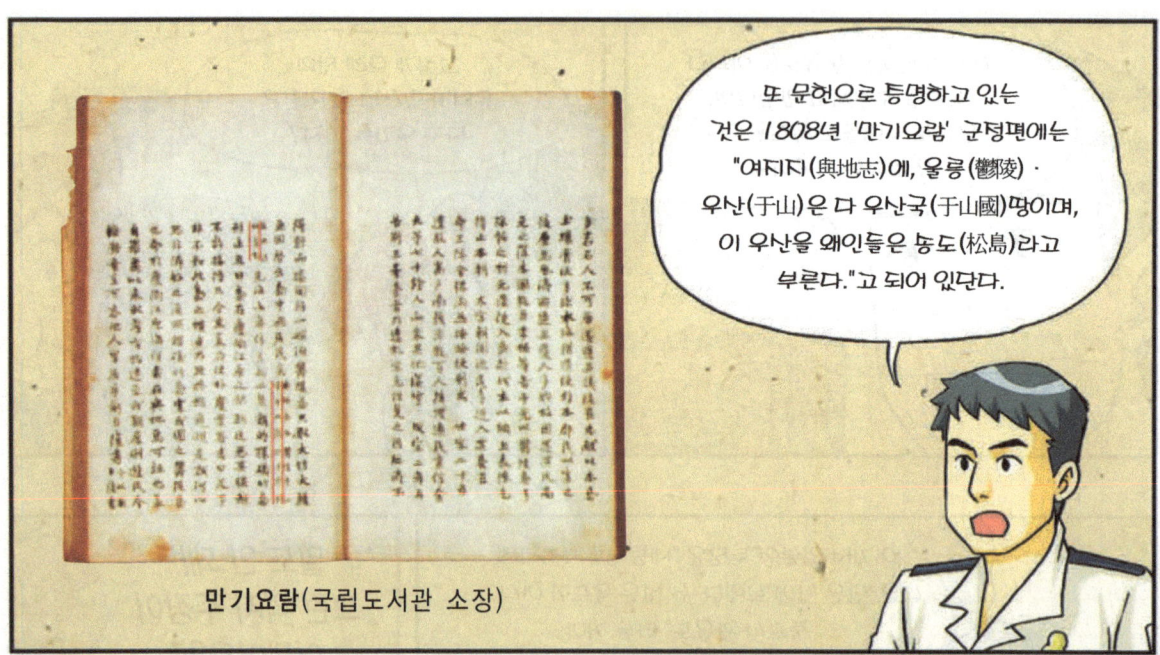

만기요람(국립도서관 소장)

또 문헌으로 증명하고 있는 것은 1808년 '만기요람' 군정편에는 "여지지(輿地志)에, 울릉(鬱陵)·우산(于山)은 다 우산국(于山國)땅이며, 이 우산을 왜인들은 송도(松島)라고 부른다."고 되어 있단다.

어? 그 말은 독도가 우산국의 영토라고 정확히 말해주고 있네요?

그렇지.

옛날에도 일본은 독도를 두고 억지를 부렸나요?

아무래도 독도 주변 해역에는 고기가 잘 잡히니까 일본 어부들이 우리나라 정부 몰래 들어와 고기를 잡아가곤 했단다.

어? 그건 도둑질이잖아요.

남의 나라 재산을 몰래 가져가다니…

* 연구자에 따라 1625년이라는 설도 있음. 에도 막부는 단 한 차례만(1년) 도해면허를 내렸음.

6화 독도를 지킨 사람들
— 안용복과 33명의 독도의용수비대 —

* 서계 : 조선시대 외교문서

* 「독도의 지속가능한 이용에 관한 법률」 제3조제4항에서는 의용수비대의 활동기간을 1953. 4. 20 ~ 1956. 12. 31로 명시하고 있으나, 최근 일부 연구자들에 의해 활동기간과 인원에 대한 이설이 제기되고 있음.

8화 독도는 한국 땅
— 독도를 지키는 가장 큰 힘은 국민들의 관심 —

일본 문헌에서 울릉도와 독도라는 기록이 처음 등장하는 서책은 1667년 이즈모 관리 사이토호센이 기록한 '은주시청합기' 인데,

[은주시청합기]

이 책에 "일본의 북서의 땅은 이 두(오키섬)로써 경계를 삼는다" 라고 기록되어 있단다.

그렇다는 건 독도가 일본의 영토가 아니라고 밝혀두고 있는 거 아닌가요?

음, 맞아! 뿐만 아니라…

[태정류전 제2편]

꼭! 알아두세요

 **독도의 주소는 어떻게 되나요?**

경상북도 울릉군 울릉읍 독도리 1~96번지입니다.
(우편번호는 799-805)

※ 도로명 주소
- 동도 : (독도경비대) 독도 이사부길 55번
- (독도등대) 독도 이사부길 63번
- 서도 : (주민숙소) 독도 안용복길 3번

동해에서 떠오르는 태양을 가장 먼저 맞이하는 곳입니다.

 **독도에 가려면 어떻게 해야 하나요?**

동해의 아름다운 섬, 독도로 가려면 울릉도를 거쳐야 합니다. 울릉도에는 포항, 묵호에서 출발하는 배편이 있습니다. 울릉도의 볼거리는 독도박물관, 해안전망대, 약수터, 성인봉, 나리분지 등이며, 관광버스나 택시를 이용하여 일주도로를 따라 섬의 비경을 둘러보는 코스와 유람선으로 섬을 일주하며 신비로움을 감상하는 코스가 있습니다.

울릉도 관광 후에 독도에 들어가기 위해서는 독도 입도 수속이 필요합니다. '독도입도종합안내'나 '울릉군' 홈페이지에서 독도 입도와 관련한 정보와 독도 입도 양식을 다운로드 받으세요.

- 독도입도종합안내 : http://www.intodokdo.go.kr
- 울릉군 : http://ulleung.go.kr

입도 문의 : 울릉군 독도관리사무소
Tel. 054-790-6645, 6646 / Fax. 054-790-6649

 **독도의 위치를 알려주세요.**

독도는 울릉도에서 동남쪽으로 87.4㎞, 동해안의 죽변에서는 동쪽으로 216.8㎞ 떨어져 있으며, 맑은 날은 울릉도에서 볼 수 있습니다.

한편, 일본에서 독도와 가장 가까운 오키섬으로부터는 북서쪽으로 157.5㎞ 떨어져 있어, 오키섬에서는 독도를 볼 수가 없습니다.

울릉도에서 바라본 독도   독도에서 바라본 울릉도

꼭! 알아두세요

 **독도의 크기를 알려주세요.**

1) 구성 : 독도는 크게 동도, 서도로 나누어져 있고, 그 밖에 89개의 부속 도서로 이루어져 있습니다. 동도와 서도간 최단 거리는 저조시 151m 떨어져 있습니다.

2) 면적 : 총 18만 7,554㎡에 달하며, 동도 7만 3,297㎡, 서도 8만 8,740㎡, 부속도서는 2만 5,517㎡로, 대한민국 정부 소유의 국유지(관리청 : 국토해양부)입니다.

- 동도 : 높이 98.6m, 둘레 2.8km, 장축은 북북동 방향으로 약 450m에 걸쳐 경사 60°
- 서도 : 높이 168.5m, 둘레 2.6km, 장축은 남북으로 약 450m, 동서 방향으로 약 300m 가량 뻗어 있습니다.

 **독도의 기후는 어떠한가요?**

독도의 기후는 난류의 영향을 많이 받는 전형적인 해양성 기후로 연평균 기온이 약 12℃이며, 가장 추운 1월의 평균 기온이 1℃, 가장 더운 8월 평균 기온이 23℃로 비교적 온난한 편입니다. 바람이 많은 독도의 연평균 풍속은 4.3m/s로, 여름에는 남서풍이 우세한 반면 겨울에는 북동풍이 우세를 보이고 있습니다.

안개가 잦고 연중 흐린 날이 160일 이상이며, 강우일수는 150일 정도로 연중 85% 흐리거나 눈·비가 내려 비교적 습한 지역에 속합니다. 독도의 연평균 강수량은 약 1,240mm, 겨울철 강수는 대부분 적설 형태이며 울릉도와 같이 폭설이 많이 내리는 것이 특징입니다.

독도 주변 해역은 동해 남부의 난수역과 북부 냉수역의 경계가 되는 극전선 남쪽에 위치하여 연중 대부분 난류수의 영향을 받으며, 독도 주변 해역의 표층 수온은 연중 9~25℃ 범위입니다.

 **독도의 지형과 지질은 어떠한가요?**

■ **지형** : 해저 약 2,000미터에서 솟은 용암이 굳어져 형성된 화산섬으로 신생대 3기 플라이오세 전기부터 후기 약 460만년 전부터 250만년 전 사이에 형성되었습니다.

* 독도 : 약 460만년 전, 울릉도 : 약 250만년 전, 제주도 : 120만년 전 순으로 생성

■ **지질** : 화산 활동에 의하여 분출된 알칼리성 화산암으로, 현무암과 조면암으로 구성되어 있습니다. 토양은 산 정상부에서 풍화하여 생성된 잔적토로서 30°이상의 급격한 경사를 이루고 있고, 토성은 사양질이며 흑갈색 또는 암갈색을 띠고 있습니다.

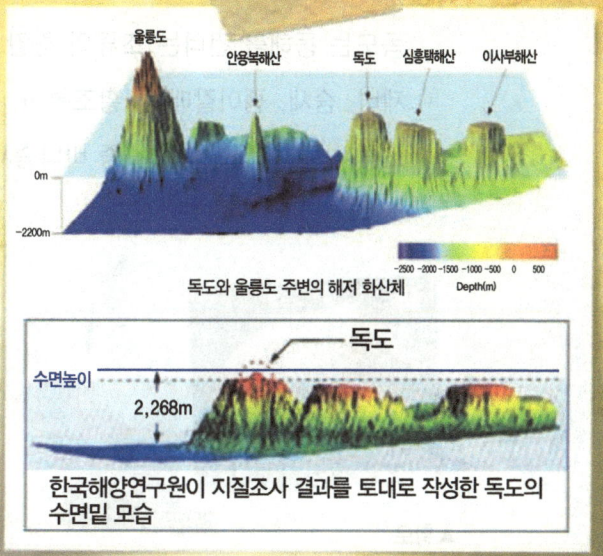

 **독도에는 어떤 자원이 있나요?**

해양심층수

▶수심 200m 이하 지대에 해양심층수 존재

▶식수, 식품, 의약품 개발에 활용 가능

천연가스 하이드레이트

▶수심 300m 이하 지대에 천연가스 하이드레이트 존재 감지

▶천연가스 주성분인 메탄이 얼음 형태로 매장

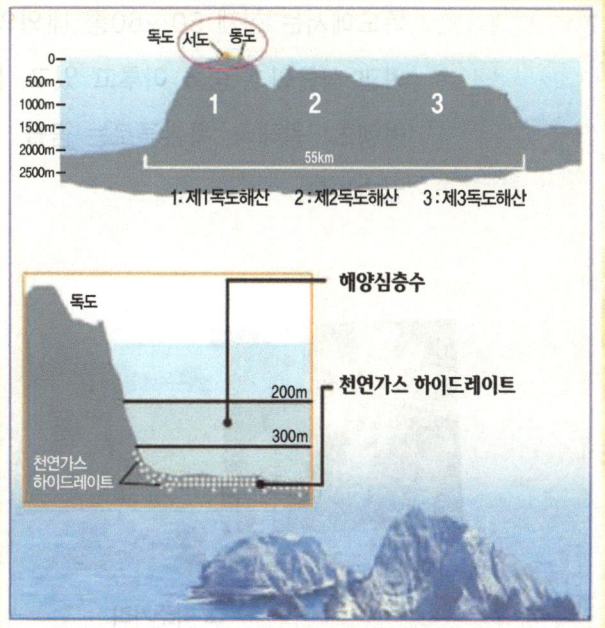

꼭! 알아두세요

 **독도에는 어떤 새들이 있나요?**

독도는 동해를 건너는 조류의 중간 서식지 구실을 하고 있습니다. 독도에서는 바다제비, 슴새, 괭이갈매기, 황조롱이, 물수리, 노랑지빠귀, 흰갈매기, 딱새 등 139종의 조류가 관찰되었으며, 이 중 바다슴새, 괭이갈매기가 대표적으로 서식하고 있습니다.

▲ 황로 ▲ 괭이갈매기 ▲ 노랑지빠귀 ▲ 참새

 **독도에는 어떤 식물들이 있나요?**

독도에서는 현재 50~60종 내외의 식물이 조사되었습니다. 억새나 산조풀 등의 벼과 식물이 주종을 이루고 있고, 본초류로는 민들레·괭이밥·술패랭이·질경이 번행초·왕해국, 목본류로는 곰솔, 섬괴불나무, 붉은가시딸기, 동백 등이 자생하고 있습니다.

▲ 섬장대 ▲ 박주가리 ▲ 왕해국 ▲ 술패랭이꽃

 독도 바다에는 어떤 것들이 있나요?

독도는 난류와 한류가 교차하고 있어 다양한 어종이 모여드는 황금어장을 형성하고 있습니다. 더욱이 바위마다 미역, 다시마, 파래 등의 해조류가 서식하고 있으며, 대표적인 어류로 오징어, 꽁치, 방어, 복어, 전어, 가자미 등이 있습니다. 그 외에도 전복, 소라, 홍합 등의 조개류와 해삼, 새우, 홍게 등이 서식하고 있습니다.

▲ 무쓰뿌리돌산호
▲ 얼룩참집게 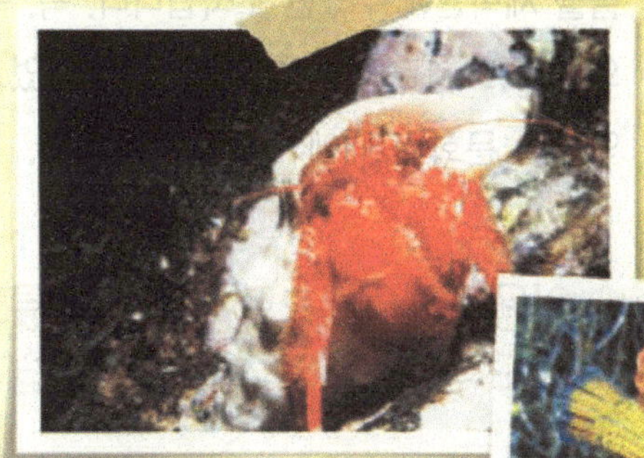
▼ 어렝놀래기
▲ 소라  
▲ 부채뿔산호 
▲ 바다딸기류 

문화재청은 독도의 귀중한 자연 생태를 보전하기 위해 1982년 11월 독도를 천연기념물 제336호, 2012년 10월 독도 사철나무를 천연기념물 제538호로 지정하였습니다.
환경부도 2000년 9월에는 환경부고시로 '특정도서'로 지정하여 독도의 자연환경과 생태계의 보전을 위하여 힘쓰고 있습니다.

역사 속의 독도

● 독도는 서기 512년 신라가 우산국을 복속한 이래 한국의 영토입니다.

독도가 한국의 영토가 된 역사적 근거는 [삼국사기] (권4)의 기록입니다. 지증왕 13년(512)에 신라 하슬라주의 군주인 이사부가 우산국을 정복하였는데, 우산국은 울릉도를 중심으로 한 주변의 부속 도서들을 세력권에 두었던 소국입니다. 즉, 독도는 울릉도의 부속도서로서 신라의 영토가 되었고, 한반도의 역사와 문화권 내에 편입되었습니다.

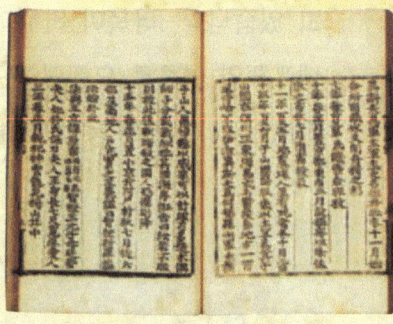
삼국사기(국립중앙박물관 소장)

● 안용복이 일본으로 건너가 울릉도와 독도가 조선의 영토임을 확인하고 에도 막부로부터 서계를 받았습니다.

숙종실록의 기록에 의하면, 숙종 19년(1693) 안용복 일행이 울릉도에서 어로활동을 하던 중 일본의 오오야 집안의 어부들과 충돌하여 일본의 오키섬까지 납치당하게 됩니다. 오키도주는 안용복 일행을 돗토리성의 호키주 태수에게 이송하게 되며, 안용복은 호키주 태수 앞에서 울릉도가 조선의 영토임을 강조하며 일본인들의 출어를 금하여 줄 것을 요구하였습니다. 이에 호키주 태수는 이를 에도 막부에 보고하고, "울릉도는 일본의 영토가 아니다." 라는 서계를 써주어 안용복 일행을 조선으로 돌려보냈습니다. 1696년

안용복 장군 동상(부산 수영사적공원)

일본의 침입을 근절하기 위한 목적으로 울릉도에 입도한 안용복은 거기서 일본인 어부들과 다시 만나게 되며, 결국 일본인 어부들을 쫓아 오키섬을 재차 방문하게 됩니다. 다시 오키도주 앞에 선 안용복은 일본인들의 계속되는 침범을 근절해 줄 것을 요구하였습니다.

결국 안용복의 2차 도일 결과, 에도 막부는 울릉도와 독도가 조선의 영토임을 다시 한 번 확인하게 되고, 울릉도와 독도에 대한 일본인들의 도해를 금지하였는데 이는 울릉도와 독도를 조선의 땅으로 인식하였던 것을 의미합니다.

◉ 1900년 '칙령 제41호'로 독도는 울도군(현재 울릉군) 소속이 되었습니다.

19세기 말엽 일본인들이 울릉도를 불법 침입하여 산림 벌채와 불법 어로를 자행하자 대한제국은 울릉도·독도를 지방 행정구역상 독립된 군으로 승격시키고 "울릉도와 죽도 및 석도를 관할한다."고 1900년 10월 25일 칙령 제41호를 반포하고 관보에 게재하였습니다.
석도는 당시 '돌섬'으로 불리던 독도를 지칭하는 것입니다.

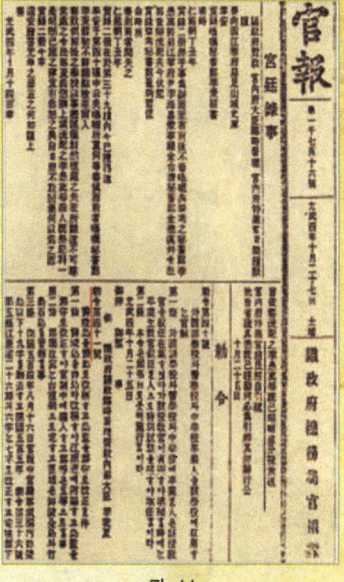

관 보

◉ 1946년 연합군 최고 사령관 각서로 독도는 한국 영토로 확정되었습니다.

1945년 광복 이후, 일본을 점령한 연합군 총사령부는 1946년 1월 29일자로 연합군 최고 사령관 각서(SCAPIN) 제677호를 발효하여 일본의 영토를 한정 짓게 되는데, 여기서 울릉도, 독도, 제주도를 일본이 한국에 반환해야 할 섬으로 명기하고 있습니다.

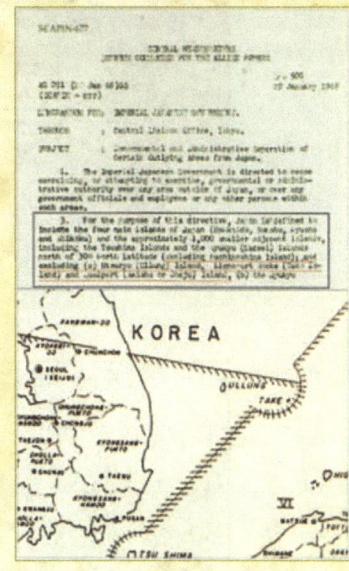

SCAPIN 제677호

꼭! 알아두세요

독도가 한국 영토임을 보여주는 지도들

독도가 대한민국의 영토임을 증명하는 문서와 자료는 수십여 가지가 있습니다. 우리쪽 문서와 지도뿐 아니라 일본측의 자료, 세계의 자료 등 100개에 가까운 자료들이 있습니다. 다음의 내용들은 그 중에서도 대표적인 자료들입니다.

 우리 지도 속의 독도

1. 팔도총도(목판본, 1531년)

1513년에 편찬, 1531년에 완성된 '신증동국여지승람'의 첫머리에 수록된 조선 전도. 독도가 표현된 현존 최고(最古)의 지도. 우산도(독도)의 위치가 울릉도 안쪽에 표시되어 있지만, 이것은 독도가 우리의 영토임을 더 강렬하게 표시하는 것이라 할 수 있습니다.

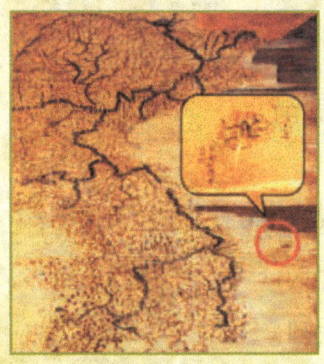

2. 동국대전도(東國大全圖) 18C 중엽

1757년 정상기(1678~1752)의 동국대전도를 모사한 지도입니다. 안용복 사건을 통해 촉발된 울릉도에 대한 지리적 인식이 반영되어, 독도는 울릉도의 동쪽에 우산도로 정확하게 표현되어 있습니다.

16~17세기의 지도에는 울릉도와 독도의 위치가 바뀌어 표현되었으나, 이 지도처럼 18세기에 만들어진 지도에는 울릉도와 독도가 제 위치에 표시되어 있습니다.

3. 조선전도(1846년 조선)

우리 발음으로 세계에 소개된 최초의 지도. 김대건이 근대적 작도법에 의해 만든 지도로 울릉도와 독도를 우리 영토로 표기하고 있습니다. 지명은 우리 발음 그대로 옮겨 울릉도는 'Oulangto'로, 독도는 'Ousan(우산)'으로 표기하였습니다. 1849년 리용 '지리학회'에 축소 수록되었고, 6개 국어로 번역되어 우리 영토 독도를 서양에 널리 소개하게 됩니다.

GO→ 외국 지도 속의 독도

1. 삼국접양지도(三國接壤地圖)

1785년 일본 하야시 시헤이 제작. 일본을 둘러싼 3국을 색깔로 구분하여 그린 지도입니다. 조선해(동해) 한가운데 두 개의 섬을 그려 넣고 왼쪽의 큰 섬을 죽도(울릉도)라 하고 "조선의 것"이라 밝히고 있습니다. 그 오른쪽에 그려진 작은 섬은 독도를 그린 것인데, 이 두 섬 모두 조선의 색깔(노란색)로 칠해져 있습니다. 울릉도와 독도를 조선의 영토로 그렸으며, 독도는 울릉도의 부속도서로 인식했습니다.

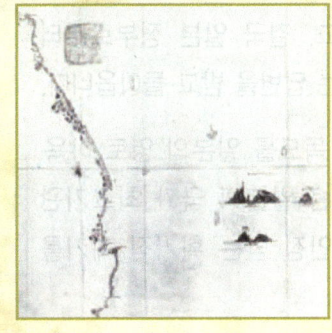

2. 조선동해안도(朝鮮東海岸圖)

러시아 군함 올리부차호가 1854년 조선동해안 탐사 결과를 바탕으로 러시아 해군이 1857년에 작성한 지도를 1876년 일본 해군수로부에서 작전용으로 재발행한 관찬지도입니다. 이후 러시아 해군성은 1862년, 1868년, 1882년에 지도를 재차 발행하게 되는데, 그동안 조사된 지리적 정보를 추가하여 재차 증보 발행하는 형태를 취하면서 한반도 동부 해안의 포구와 해안선 및 울릉도와 독도 등 부속도서를 상세히 그리고 있습니다.

3. 대일본 분견신도(大日本分見新圖)

1878년 일본 야마무라 제작. 일본 지도 좌측 상단에 조선 지도를 그려 넣었는데, 일본은 각 현별로 색깔을 달리 했고, 조선은 단일색(노란색)으로 그렸습니다. 죽도(울릉도)와 송도(독도)를 조선과 같은 색으로 칠해 조선 영토로 표시하였습니다. 그런데 이 지도에는 죽도(울릉도) 오른쪽에 송도(독도)가 아래위 2개로 그려져 있어 일본이 이 해역에 대한 지리적 정보가 어두웠음을 엿볼 수 있습니다.

독도지킴이

 **안용복(安龍福)**

독도와 관련하여 빼놓을 수 없는 인물로서, 그가 없었다면 지금의 울릉도, 독도는 우리 땅으로 존재하지 않았을 것이라는 이야기도 있습니다.

1693년(숙종 19), 동래·울산의 어부들과 울릉도에서 고기잡이를 하던 안용복은 이곳을 침입한 일본 어민을 힐책하다가 일본으로 잡혀갔습니다. 하지만 일본에 가서도 울릉도가 조선의 땅임을 강력히 주장하며 막부로부터 울릉도가 조선의 영토임을 확인하는 서계(書契)를 받아냈으며, 1696년 울릉도에 출어중 다시 일본 어선을 발견하고는 다시 일본으로 가서 돗토리번(백기주) 태수에게 "대마도주가 지난 번 받은 서계를 탈취하고 중간에 위조하였으며 불법으로 나라의 경계를 넘어왔다. 관백(막부)에게 상소하여 죄상을 묻겠다."고 따졌고, 결국 일본 정부로부터 "영구히 일본인이 가서 어로채취 활동을 불허한다."라는 답변을 받고 돌아옵니다.

안용복의 두 차례에 걸친 일본 도해 활동은 울릉도, 독도를 일본의 영토 야욕으로부터 지켜내는 결정적 계기가 되었으며, 1877년 일본의 국가 최고기관(태정관)으로부터 울릉도, 독도가 조선의 영토로 인정 받는 획기적 계기를 마련한 것입니다.

 **독도의용수비대**

6.25전쟁의 혼란 속에서 일본인들은 1953년 세 차례에 걸쳐 독도에 상륙하여 1948년 미군 폭격연습 과정에서 희생된 우리 어부의 위령비를 파괴하고, 일본 영토 표지를 하는 등 불법 행위를 자행했습니다. 이런 상황에서 1953년 4월에 홍순칠 대장을 비롯한 6.25참전 경험이 있는 혈기 왕성한 청년 33명이 중심이 되어 순수 민간 조직인 의용수비대를 결성하였습니다.

이들은 독도에 대한 우리나라의 영유권을 확실하게 하기 위하여 독도 근해에서 조업 중인 울릉도 주민을 보호하고 독도에 무단 상륙한 일본인의 축출 및 일본 영토 표지를 철거했습니다. 일본기가 공격해 올 때에는 큰 통나무에 검은 칠을 해 '위장 대포'를 만들어 물리치기도 했습니다. 1953년 8월 15일에는 동도 암벽에 '한국령'이라 새기고 독도 수비의 결의를 새롭게 했습니다.

이들은 독도에서 갖은 고생을 다하며 독도에 대한 일본인의 접근을 막았으며 1956년 경찰수비대에 수비 임무를 인계한 후에도 독도방파제 설치를 정부에 건의하고, 독도지키기와 독도가꾸기 운동을 꾸준하게 벌였습니다. 이러한 공로로 정부에서는 1996년 4월 故 홍순칠 대장에게는 보국훈장을, 나머지 대원에게는 광복장을 수여하여 이들의 독도사랑의 애국심을 기렸습니다.

- 독도의용수비대 기념사업회 http://www.dokdofoundation.or.kr

 **최초 거주자, 최종덕**

1980년 일본이 독도 영유권을 다시 주장하고 나오자, "단 한 명이라도 우리 주민이 독도에 살고 있다는 증거를 남기겠다."며 1981년 서도 벼랑 어귀로 주민등록을 옮겼습니다. 그리고 독도에 거주하면서 그는 서도 선착장의 시멘트 가옥을 비롯해 식수가 나오는 물골로 가는 계단을 설치하였습니다. 또한 수중창고를 마련하고 전복수정법, 특수어망을 개발하였으며, 서도 중간 분지에 물골이라는 샘물을 발굴하는 등 초인적 노력을 쏟다가, 1987년 생을 마쳤습니다.

 **김성도, 김신열 씨 부부**

1970년대부터 독도 최초 주민인 최종덕 씨와 함께 어로 작업을 하면서 독도에 살았으며, 1991년부터 주민등록을 독도에 옮긴 후 현재까지 독도에서 생활하고 있습니다.

꼭! 알아두세요

일본측 주장의 오류

GO → 1618년 막부의 허가를 얻어 돗토리번의 어업인이 울릉도로 도해했다는 주장에 대하여

일본측 주장 : 에도시대 초기, 돗토리번의 오야(大谷), 무라카와(村川) 두 집안이 막부(정부)로부터 울릉도 도해면허를 얻어, 매년 울릉도에서 전복이나 미역 등을 채취했는데, 이 때 독도는 울릉도로 도항하기 위한 기항지 또는 어업지로 이용하였다고 주장하고 있습니다.

오류 : 그러나 울릉도, 독도는 신라가 우산국을 병합한 512년부터 줄곧 한국의 영토입니다. 조선조 초기 왜구의 약탈과 노략질 등을 이유로 본토에 주민을 소환시키는 쇄환정책을 펼치기는 했으나, 엄연한 우리의 영토로 조선조가 관할하고 있었습니다. 또한 에도 막부가 발급한 울릉도 도해면허는 일본 국경을 넘어 '외국'으로 건너갈 수 있게 하는 면허장이었습니다. 따라서 막부도 울릉도를 외국, 즉 조선의 영토로 인정했던 것입니다.

GO → 1905년 내각의 결정을 거쳐 독도를 시마네현에 편입했다는 주장에 대하여

일본측 주장 : 일본은 1905년 1월 28일 동해상에 위치한 작은 무인도를 다케시마(竹島)로 명명하고 자국 영토로 편입할 것을 내각결의로 결정했습니다. 2월 22일 시마네현 고시 제40호로 독도를 시마네현 오키도사 관하로 두면서 "타국이 점령했다고 인정할 만한 형태와 자취가 없고, 1903년 이래 나카이 요자부로라는 자가 이 섬에 이주하여 어업에 종사했다는 사실은 국제법상 점령 사실(무주지 선점)을 인정할 수 있다."라고 주장하고 있습니다.

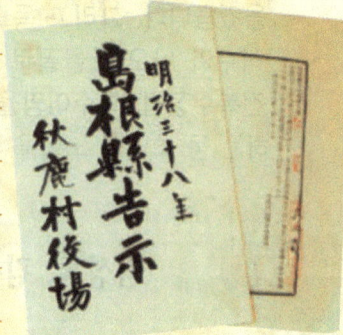

오류 : '세종실록지리지'와 '신증동국여지승람'에 독도(우산도)에 대한 기술이 있으며, 또한 1696년 돗토리현에 항의하기 위해 안용복이 일본에 건너갈 때 '조울양도감세장신안동지기 (朝鬱兩島監稅將臣安同知騎)'라는 깃발을 달고 있습니다. '朝鬱兩島'란 울릉도와 우산도라고 일본 문헌(1828)에도 기록되어 있어, 안용복이 두 섬 모두를 조선의 영토로 인식하고 있었음을 알 수 있습니다. 이 사실은 일본이 주장하는 '무주지 선점'의 허구성을 그대로 드러냅니다.

 **시마네현 편입 후 일본측의 실효적 지배설 주장에 대하여**

일본측 주장 : 일본 정부는 1905년 독도 강제 침탈 이후, 일본 어업인들이 독도에서 강치(바다사자) 어업 활동을 해왔던 사실을 두고 실효적 지배라고 주장하고 있습니다.

오류 : 그러나 시마네현의 편입 자체가 러일전쟁을 위해 독도를 강제 편입한 것으로써 국제법에 비추어 보면 무효이므로, 이후의 어로활동은 우리 땅 독도에서 행해진 경제수탈 행위로 보아야 할 것입니다.

◉ 일본 어민의 독도 바다사자 남획 ◉

일본 어민 나카이 요사부로는 일본 다케시마어렵회사를 설립하고 1904년부터 독도에서 바다사자를 남획하기 시작하였습니다. 특히 1905년부터 1911년 사이에 무자비하게 독도의 바다사자를 남획하여(14,000마리), 독도 주위는 가죽을 벗기고 던져버린 바다사자의 사체로 뒤덮였다고 합니다. 이후 급격히 그 숫자가 감소했고, 1941년까지 일본이 바다사자를 포획하여 서커스용으로 팔았다(20마리 정도)는 기록이 있습니다.
점점 그 수가 줄어든 바다사자는 1950년대 이후 독도에서 그 자취가 사라지게 되었습니다.

 독도자료실 소개

◀ 사이버독도
(http://www.dokdo.go.kr)

경북도청이 운영하는 사이버독도는 독도 공식 홈페이지로서 독도 소개, 독도역사, 자연생태계, 독도자료실과 관광정보 등이 알차게 실려 있으며, 독도자료실에는 역사자료 외에 독도관련 보도자료, 사진자료, 영상자료들도 찾아볼 수 있습니다. 또한 영어, 일어, 중국어로 된 외국어 사이트도 함께 운영하고 있습니다.

◀ 독도박물관
(http://www.dokdomuseum.go.kr)

국내 최초의 영토박물관으로 독도와 관련된 각종 자료의 활자본 및 국역본, 고지도 등을 검색할 수 있습니다.

◀ 동북아역사재단 독도연구소
(http://www.dokdohistory.com)

동북아 역사재단이 운영하는 사이버독도역사관은 독도 관련 각종 자료의 원본, 국역본, 해설 및 고지도 등을 검색할 수 있으며, 검색된 자료를 직접 출력할 수 있습니다.

◀ 한국해양과학기술원 동해연구소(KIOST)
(http://www.kiost.ac)

한국해양과학기술원이 운영하는 독도전문연구센터는 독도 관련 해양 생태 등의 과학 자료를 중심으로 다양한 정보를 제공하고 있습니다.

◀ KMI 독도 · 해양영토연구센터
(http://www.ilovedokdo.re.kr)

한국해양수산개발원이 운영하는 독도 · 해양영토연구센터는 독도 관련 인문사회학 자료를 중심으로 다양한 정보를 제공하고 있습니다.

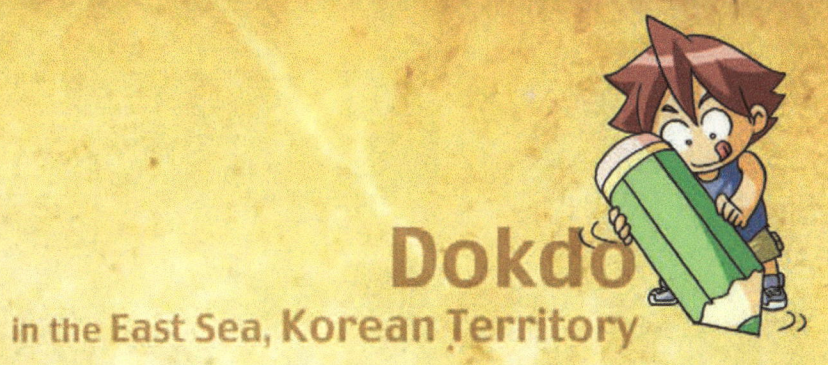

독도는 대한민국의 영토이므로 국제 재판의 대상이 될 수 없습니다

❋ 연합국은 일본의 식민 통치를 종결시키기 위한 카이로 선언과 포츠담 선언, 샌프란시스코 평화조약 등을 통해 대한민국의 독립을 승인했습니다.

▶ 일본의 독도 영유권 주장은 '대한민국의 완전한 해방과 독립을 부정하는 행위'이자 과거 제국주의 침략을 정당화하려는 시도라는 점에서 시대착오적인 주장입니다.

❋ 일본의 독도 영유권 주장에는 독도에 대한 분쟁을 인정할 만한 합리성과 근거가 없습니다.

▶ 독도 문제를 국제사법재판소에 맡기자는 일본의 주장은 독도에 대한 대한민국의 확고한 영토 주권에 비추어 볼 때 타당성이 결여되어 있습니다.

▶ 독도를 대한민국이 영유하고 있다는 점에 대해서는 법적인 의문이 없고, 따라서 독도는 국제재판의 대상이 될 수 없습니다.

《 KMI 발행, '독도는 대한민국의 고유영토입니다'에서 발췌 》

만화로 풀어가는
독도 이야기

초판 인쇄 2020년 10월 08일
초판 발행 2020년 10월 15일

저　　자 경상북도
발행인 김갑용

발행처 진한엠앤비
주소 서울시 서대문구 독립문로 14길 66 205호(냉천동 260)
전화 02) 364 - 8491(대) / 팩스 02) 319 - 3537
홈페이지주소 http://www.jinhanbook.co.kr
등록번호 제25100-2016-000019호 (등록일자 : 1993년 05월 25일)
ⓒ2020 jinhan M&B INC, Printed in Korea

ISBN 979-11-290-1718-5　(93910)　　[정가 10,000원]

☞ 이 책에 담긴 내용의 무단 전재 및 복제 행위를 금합니다.
☞ 잘못 만들어진 책자는 구입처에서 교환해 드립니다.
☞ 본 도서는 [공공데이터 제공 및 이용 활성화에 관한 법률]을 근거로 출판되었습니다.